Alexander Winz

Waterharvesting am Fallbeispiel Indien

GRIN Verlag

Bibliografische Information der Deutschen Nationalbibliothek:

Die Deutsche Bibliothek verzeichnet diese Publikation in der Deutschen National-
bibliografie; detaillierte bibliografische Daten sind im Internet über http://dnb.d-
nb.de/ abrufbar.

Impressum:

Copyright © 2009 GRIN Verlag, Open Publishing GmbH
Druck und Bindung: Books on Demand GmbH, Norderstedt Germany
ISBN: 978-3-640-72322-5

Dieses Buch bei GRIN:

http://www.grin.com/de/e-book/158567/waterharvesting-am-fallbeispiel-indien

Georg-August-Universität Göttingen

Fakultät für Geowissenschaften und Geographie

Waterharvesting in Indien

Möglichkeiten zur Deckung des Wasserbedarfs

Seminar: Ressourcennutzungsprobleme
Leiter:
Semester: WS 2009/2010
Verfasser: Alexander Winz
Matrikelnummer:

04.03.2010

Inhaltsverzeichnis

Abbildungsverzeichnis

Tabellenverzeichnis

1 Einleitung

Indien, als eines der bevölkerungsreichsten Länder der Welt, ist geprägt durch seine klimatischen Verhältnisse. Große Teile des Landes leiden an Wasserknappheit, bei der die Verdunstungsrate die Niederschlagsrate übersteigt. Für eines der größten Hydro-Kulturen und deren Bewässerungsfeldbau kommt der aktuelle Wassermangel einer Krise gleich. Die Landwirtschaft bietet der ansässigen Bevölkerung eine Lebensgrundlage. Diese konnte aber auf Grund der Problematik regional nicht mehr gesichert werden. Als Alternative zu den bis dato vorherrschenden kolonialzeitlich geprägten Strukturen wurde indigene Bewässerungsmethoden, die traditionell regional verankert sind, wiederbelebt. Können diese alten Bewässerungsmethoden Indien wirklich aus der Wasserkrise helfen? Letztendlich werden Bauern wieder selbständiger und müssen mit dem Lokal vorhandenen Wasser wirtschaften. Mit der Methode des Water Harvestings wird es Bauern ermöglicht auch in ariden Gebieten, in denen der jährliche Niederschlag nicht mehr als 200mm beträgt, Kulturpflanzen anzubauen. Bei der Methode wird Niederschlag auf kleinen (Dächern) und auf großen (Hängen) Flächen akkumuliert und als Brauch- und Trinkwasser verwendet. Könnte damit das Überleben in einigen Regionen Indien gesichert werden? Und in wie weit wirkt sich die Methode auf den landwirtschaftlichen Ertrag aus?

Die folgende Arbeit soll Aufschluss darüber bringen, welchen Stellenwert die Methode des „Water Harvestings" in Indien heute einnimmt.

2 Indien – Wasserkrise

Indien als eines der größten asiatischen Länder ist durch mehrere Klimazonen gekennzeichnet. Im Nordwesten (Rajasthan) ist das subkontinentale Land durch Wüstenregionen geprägt. Im Norden hingegen grenzt der Himalaya mit seinen Hochgebirgsklima das Land ab. Niederschlagsreiche Gebiete liegen vorwiegend im Nordosten, sowie an der Westküste(Wamser, 2005). Nach Wamser [2005] hat die Anzahl der Dürreereignisse in Indien zugenommen. Außerdem ist Indien durch Monsumklima geprägt (Wamser, 2005). Das heißt, dass große Teile des Landes durch jahreszeitliche Niederschlags- und Windrichtungswechsel gekennzeichnet sind. Im Sommer kommt es bedingt durch den Südwestmonsum zu hohen Niederschlägen in ganz Indien. Im Winter und Frühjahr hingegen ist das Land von einem trockenen, kühlen Nordostmonsum geprägt. Dieses Monsumklima wirkt sich extrem auf die jährliche Niederschlagsverteilung auf. So fallen in einigen Regionen, wie im Westen Indiens darunter auch Mumbai 90% des jährlichen Gesamtniederschlags in der Zeit von Mai bis September (vgl. Wamser,2005). Aber nicht nur die jährliche Niederschlagsverteilung, sondern auch die Dürreereignisse und der steigende Bevölkerungsdruck, einhergehend mit dem höheren Bedarf an landwirtschaftlichen Gütern führen zu Wassermangel in einigen Regionen. So traten im

Zeitraum von 1876 bis 1987 insgesamt 39 Dürreereignisse in Indien auf. Drei von den Dürren hatten ein Ausmaß von 60% der Landesfläche eingenommen. Zwei weiteren Dürren hatten ein Flächenausmaß von 45%. In Tabelle 1 ist die stochastische Verteilung der Niederschlagzonen zu erkennen. Insgesamt verfügt Indien über 92 Mio. ha. Landesfläche, die dürregefährdet ist. 52 % der Landesfläche gelten als humide Zone. Auffällig ist die Verteilung der Nettoanbaufläche. So haben die Dürrezonen den größten relativen Flächenanteil an landwirtschaftlich genutzter Fläche.

Tabelle 1: Niederschlagszonen und dürregefährdete Flächen in Indien (Büttner, 2001, S.69)

	Niederschlagszone In mm	Fläche in Mio. ha	% der Gesamtfläche	Nettoanbaufläche in % der jeweiligen Gesamfläche
Dürrezone	100 – 500	52	16	56
	500 – 750	40	12	55
Übergangszone	750 – 1000	66	20	52
Humide Zone	1000 – 2500	137	42	32
	>2500	33	10	42
TOTAL		**328**	**100**	**44**

Die räumliche Verteilung der Niederschlagverhältnisse ist in Abbildung 1 dargestellt. Die regionale Disparität der Niederschlagsmengen und Verteilung ist klar im Nordwest- Südostgefälle erkennbar. Nahezu 28% der Landesfläche wird mit weniger als 750mm Jahresniederschlag klassifiziert und gilt somit als dürregefährdete Fläche (Büttner, 2001). Das *Indian Meteorological Department* definiert Dürregebiete, als Gebiete in denen in 20% des Untersuchungszeitraums die Jahresniederschläge unter 75% der durchschnittlichen Jahresniederschlagssumme liegen. Neben den rein klimatisch bedingten Dürrefaktoren, gibt es noch hydrologische Dürren, unter denen Oberflächen-, Boden- und Grundwasserdürren fallen(Büttner, 2001).Vor allem aber die klimatischen Gegebenheiten führten in den letzten Jahrtausenden dazu, dass sich die Bevölkerung Indien zu eines der größten Wasserkulturen der Welt entwickelte (AGARWAL, 2005).

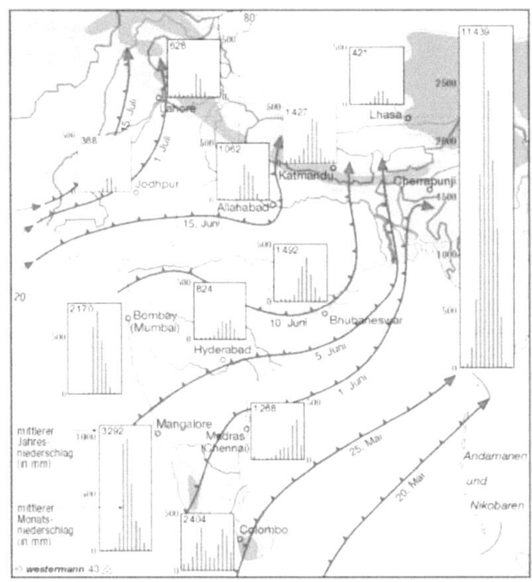

Abbildung 1: Niederschlagsverfügbarkeit in Indien (Diercke Drei: Universalatlas, 2009, S.143)

3 Die staatliche Wasserpolitik in der Krise

Während der Kolonialzeit in Indien setze die britische Krone überwiegend auf große Wasserprojekte, die durch britische Ingenieure realisiert worden sind. Diese großen Wasserbauten, wie Kanalsysteme und Staudämme wurden zur landwirtschaftlichen Produktivitätssteigerung eingesetzt. Jedoch führte die fortschrittliche britische Ingenieursleistung zu einer gewissen Arroganz, so dass jegliche indigenen Bewässerungsmethoden degradiert wurden und die britische Großbewässerung a priori wurde (Büttner, 2001). Auch nach der Unabhängigkeit Indiens im Jahr 1947 setzte der erste Premierminister, Jawahrlal Nehru, weiterhin auf große Staudammprojekte, die aber nicht allein der Bewässerung, sondern auch der hydro-elektrischen Stromerzeugung dienen sollten. Ganz im Gegensatz dazu betrachtet Mahatma Ghandi die Potenziale Indien im ländlichen Raum und deren unabhängige Entwicklung (BRAßEL, 1994). In Abbildung 2 werden Entwicklungen der Bewässerungssysteme im Zeitraum von 1951 bis 1997 gegenübergestellt. Im rot eingerahmten Kasten sind die Investitionen der indischen Regierung dargestellt, die für große und mittlere Wasserprojekte eingesetzt worden sind. Mit Beginn der 5 Jahrespläne wuchsen auch die Investitionen. Im Jahresplan von 1951 bis 1956 beliefen sich die Kosten auf 376 Mio. Rs[1] und stiegen kontinuierlich auf bis zu 21.483 Mio. Rs (1992 bis 1997), wobei der Grenzzuwachs der Potenziale für

---

[1] 1Rs = 0,016 EUR (Stand 29.Februar 2010) (Quelle : Bundesverband deutscher Banken)

Großprojekte immer geringer wurde. Kleine Projekte (*Minor*) hatten 1951 die gleiche Leistung, wie die Großprojekte, diese entwickelten sich allerdings auch ohne staatliche Hilfe besser als die Großprojekte. Im blauen Kasten werden u.a. noch die genutzten Bewässerungspotenziale gegenübergestellt. Trotz allgemein sinkender Potenziale ist der Nutzungsquotient der kleinen Projekte höher.

Zeitraum (5-Jahrespläne I-VIII und jährliche Pläne)	Inv. Maj & Med. [Mio Rs]	Geschaffenes Bewässerungspotential in Mio. ha					Genutztes Bewässerungspotential in % der Potentiale				
		Maj. + Med.	Minor OW	Minor GW	Minor Total	Total	Maj. + Med	Minor OW	Minor GW	Minor Total	Total
I. 1951-56	376	12,20	6,43	7,63	14,06	26,26	90	100	100	100	95,4
II. 1956-61	380	14,33	6,45	8,30	14,75	29,08	91	100	100	100	95,6
III. 1961-66	576	16,57	4,48	10,52	17,00	33,57	91,5	100	100	100	95,8
1966-69	430	18,10	6,50	12,50	19,00	37,10	92,5	100	100	100	96,4
IV: 1969-74	1.242	20,70	7,00	16,50	23,50	44,20	90,3	100	100	100	95,5
V: 1974-78	2.516	24,72	7,50	19,80	27,30	52,02	85,6	100	100	100	93,2
1978-80	2.079	26,61	8,00	22,00	30,00	56,61	85	100	100	100	92,9
VI: 1980-85	7.369	27,70	9,70	27,82	37,52	65,22	85	93	94,3	93,9	90,2
VII: 1985-90	11.107	29,92	10,99	35,62	46,61	76,53	85	90,7	93	92,5	89,6
1990-92	5.459	30,74	11,46	38,89	50,35	81,09	85,6	89,8	93,2	92,4	89,8
VIII: 1992-97	21.483	32,83	k.A.	k.A.	56,61	89,44	86,4	k.A.	k.A.	k.A.	90,2

OW: Oberflächenwasser; GW: Grundwasser. **Quelle**: GoI (1999:339)

Abbildung 2:Staatliche Investitionen in Bewässerung (Büttner, 1997, 79)

Doch bedingt durch immer mehr auftretende Düren, den Bevölkerungsdruck, die Liberalisierung und den sinkenden Grundwasserspiegel wird das Land mit immer mehr Wasserproblemen konfrontiert. Zur Bewältigung dieser Problematik sind derzeit zwei Trends in Indien erkennbar. Der erste Trend geht dahin, dass die Wasserressourcen Indien dezentral erschlossen und auch lokal genutzt werden sollen. Der zweite Trend ist die Souveränitätsabgabe des Staates. Jegliche zentrale Steuerung der Wasserressourcen wird auf lokalen bzw. regionalen Institutionen oder auch sogenannten Community Managements, Irrigation Communities oder auch Water-User-Associations übertragen. Die Funktion des Staates minimiert sich auf die finanzielle Projektunterstützung (BÜTTNER, 2001)

4   Vom „Water-Mining" zum „Waterharvesting – Wasserernte"

Neben diesen institutionellen Änderungen (vgl. Abschnitt 3) erfolgte aber auch ein Wandel in der technologischen Wassererschließung. So geht der allgemeine Trend weg vom traditionellen „water-mining", also der Grundwasserförderung hin zum „water harvesting", also der Wasserernte (BÜTTNER, 2001). Seit Jahrhunderten wird in Trockengebieten Indiens traditionelle Wasserernte betrieben. Vor allem Tank-Systeme wurden häufig verbessert. Hier wurden immer neue

Möglichkeiten der Speicherung von Wasser mittels Wälle gefunden. (PRINZ, 1998). Für die Wasserknappheit in Trockengebieten ist jedoch nicht ausschließlich die geringe jährliche Niederschlagsmenge verantwortlich. Sondern als weitere wichtige Faktoren werden die räumliche und zeitliche Niederschlagsvariabilität und die Evapotranspiration erwähnt. Während in humiden Gebieten der Abfluss überwiegend durch bodenbedeckende Vegetation gestoppt und direkt in den Boden infiltriert, verdunstet der größte Teil des Abflusses (70-80%) in ariden und semiariden Gebieten, bevor dieser infiltrieren kann (PRINZ, 1998). Doch auch die zunehmende Entnahme von Grundwasser führt zu weiteren Problemen, wie auch im Dorf Srirangarajapuram am Cauvery-Delta (Indien). Nach BOHLE (2000) führt die exzessive Entnahme von Grundwasser vor allem zu regionalen Konflikten und zu einem akuten Absinken des regionalen Grundwasserspiegels. Es mussten in den letzten Jahren sämtliche Brunnenschächte von 10m Tiefe auf 50m Tiefe erweitert und mechanisiert werden, um überhaupt an den Grundwasserspiegel zu gelangen.

Als Ergänzung zu den Änderungen der institutionellen Wasserpolitik wird das Prinzip des „waterharvesting" (dt. = Wasserernte) immer weiter gefordert und gefördert. So läuft das Prinzip in Indien unter den Namen „Watershed management"und zählt heute zu den wichtigsten ländlichen Entwicklungsstrategien (BÜTTNER,2001).   „Waterharvesting" geht zurück auf jahrtausendalte indigene Praktiken und bedeutet die Nutzung des lokalen Niederschlags. NachArgalwal *„Waterharvesting means valueing the raindrop, capturing the rain where it falls or capturing the runoff in your village or town, and taking measure to keep that water cleanand not allowing dirty activites to take place in catchments. "* (BÜTTNER, 2001 zitiert nach AGARWAL, 1998). Wasserernte ist demnach eine Strategie zur Erhaltung des lokalen Wasserkreislaufes und zur Ausweitung der landwirtschaftlichen Produktivität. Das Prinzip des Waterhavestings ist es, den durch den Niederschlag verursachten, Oberflächenabfluss von großen Hängen (Wassererntefläche) auf kleinen Flächen (Anbaufläche/Tanks) zu akkumulieren. Diese Ansammlung kann dann entweder direkt durch Infiltration auf der Anbaufläche genutzt werden oder auch in sogenannten Tanks gespeichert und später verwendet werden. Bei der direkten Infiltration wird meistens eine Mauer als Begrenzung hinzugefügt. Dabei liegt die Wassererntefläche immer oberhalb der Anbaufläche/Tanks und steht zur Anbaufläche je Wassererntemethode im Verhältnis 1:1 bis 1:10.000 (PRINZ ,1998 &Abbildung 3). Die Größe der Wassererntefläche korreliert mit der zunehmenden Aridität der Regionen. Nach PRINZ (1998) eigenen sich tropische, subtropisch-semiaride bis semihumide Regionen mit einen Jahresniederschlag von 300 bis 1300 mm besonders gut. Berechnungen haben jedoch gezeigt, dass ein 100ha Reservoir weniger Wasser speichern kann, als 100 kleinparzellige Reservoirs, da die Evapotranspiration des Abflusses viel größer ist (AGARWAL, 2005).

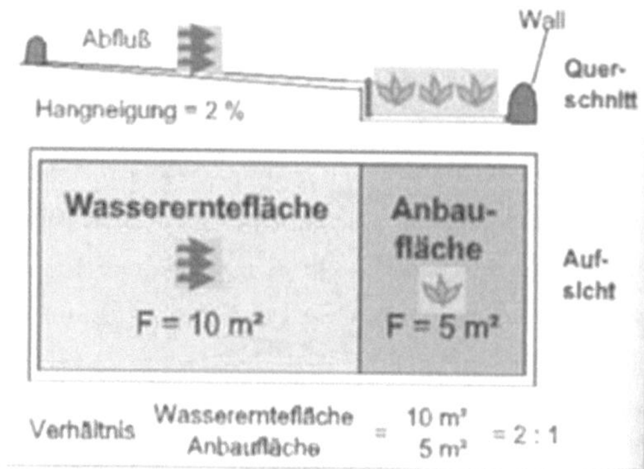

Abbildung 3: Prinzip des Waterhavestings (Quelle: Prinz 1998:424)

Dennoch kann auch die Methoden des „Waterharvesting" ein Dürrejahr nur geringfügig abmildern. Als Wasserernteflächen dienen oft landwirtschaftlich ungenutzte Hänge mit einer Neigung ab zwei Prozent. Für den häuslichen Wassergebrauch wird das Dach als Wassererntefläche genutzt (Prinz, 1998). Nach PRINZ(1998) werden vier verschiedene Arten von Wasserernteverfahren unterschieden. In der Literatur sind u.a auch andere Einteilungen zu finden, so sollte auch das sogenannte „groundwater harvesting" (also Grundwasserernte) als fünftes Verfahren mit integriert werden (PRINZ, 1999). Die vier Hauptwassererntemethoden sind *Rooftop Waterharvesting, Micro-* und *Macrocatchments*, sowie *Floodwater Harvesting*.

4.1 Rooftop Waterharvesting

Das „Rooftop Harvesting" ist als Methode der Wasserernte in metropolitanen Regionen weit verbreitet (Vishwanath, 2004). Dabei wird, das auf Dächern von Gewächshäusern oder der Dachfläche von Häusern, sofern diese nicht mit Stroh bedeckt ist, gesammelte Wasser in mittels Regenrinnen in Sammelbecken (Tonnen/ Tanks) abgeführt (vgl. Abbildung 4). Dieses gesammelte Wasser wird zur Trinkwasserversorgung und als Bewässerungswasser genutzt. Als Beispielrechnung sollen die Niederschlagswerte von Hyderabad dienen. Bei einer jährlichen Niederschlagsmenge von 800 mm, einer Dachfläche von 20 qm und das nicht Berücksichtigen der Evapotranspiration, würde die jährliche Wassergewinnsumme 16.000 Liter ergeben(Prinz, 1999).

Abbildung 4: Roofttopharvesting (Quelle: http://www.rotary.org/SiteCollectionImages/News/081120_iye1.jpg)

4.2   Microcatchments

Bei den „Microcatchments" handelt es sich um kleinparzellige Wassererntestrukturen, bei denen die Wasserernte- und Anbaufläche unmittelbar nebeneinander liegen. Dabei wird der Abfluss der Wasserernteflächen direkt auf die Anbaufläche geleitet. Diese kann quadratisch-, dreiecks- oder auch halbmondförmig angelegt sein und wird durch einen Erdwall begrenzt. Dieser Wall dient dazu, denn Abfluss zu stoppen, so dass das Wasser unmittelbar an der Pflanze infiltrieren kann. Die Systeme werden meistens in Serie von den Bauern selbst an einem Hang angelegt (vgl.Abbildung 5). Microcatchments sind sinnvoll ab einen minimalen Jahresniederschlag von 200mm. Das Größenverhältnis von Wassererntefläche zu Anbaufläche liegt bei 1:1 bis 10:1 (Prinz, 1998)

4.3   Macrocatchments

Die „Macrocatchments" sind vom Aufbau ähnlich der „Microcatchments". Hier wird allerdings großflächig der Hangabfluss gesammelt und mittels Gräben weitergeleitet (vgl.Abbildung 7). Die Abflussmenge ist abhängig von den morphologischen Gegebenheiten der Wassererntefläche, so erhöht eine mechanische Bodenverdichtung der Wassererntefläche die Abflusssumme. Marcocatchments sind sinnvoll ab einen mittleren Jahresniederschlag von 150mm bis 300mm. Das Größenverhältnis zwischen Wassererntefläche und Anbaufläche beträgt 10:1 bis 100:1(PRINZ, 1998).

Abbildung 5: Semi-Circular Bunds (Quelle: http://www.fao.org/landandwater/AGLW/wharv/wh10/sld003.htm)

4.4 Floodwater Harvesting

Beim „Floodwater Harvesting" (Flutwasserernte) sind nur noch 100mm bis 150 mm jährlicher Niederschlag notwendig. Meistens dienen große Einzugsgebiete mit einer Größe von bis zu 50km² als Wassererntefläche. Hierbei wird der saisonalle Abfluss zur Bewässerung und Akkumulation genutzt. Direkt nach den Niederschlägen wird der gesamte Hangabfluss in den konstruierten Abflusssystemen geleitet. Es entsteht eine Flutwelle, die direkt durch die Kanalsysteme wieder aufgefangen wird und anschließend auf der Anbaufläche infiltrieren kann

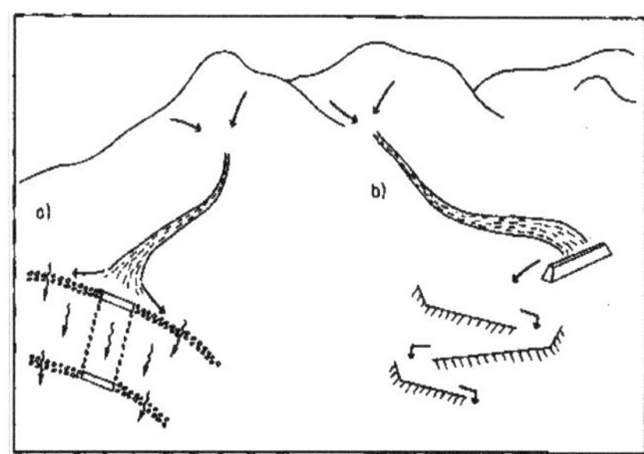

Abbildung7:Floodwater HarvestingFloodwater Harvesting

(Quelle: http://www.fao.org/docrep/U3160E/u3160e0s.gif)

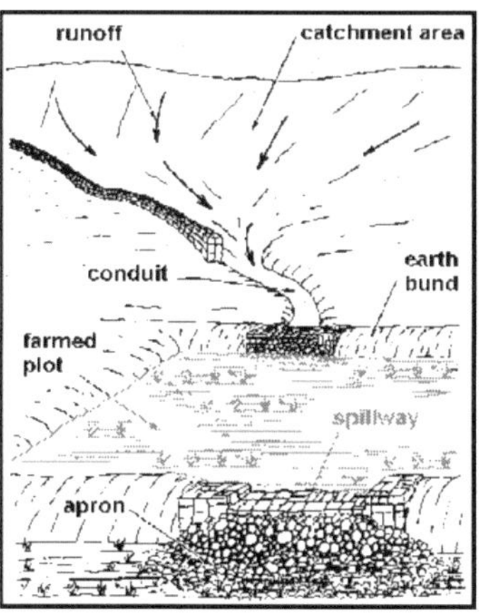

Abbildung 6: Macrocatchments(Quelle: http://www.fao.org/landandwater/AGLW/wharv/wh02/sld009.htm)

(vgl. Abbildung6). Als weitere Möglichkeit werden Staudamm angelegt, die das Wasser einerseits speichern können, aber auch zur Steigerung des Grundwasserspiegels dienen können (PRINZ, 1998)

4.5 Positive und Negative Aspekte des „Water Harvesting"

Water Harvesting hat viele Vorteile und auch Nachteile. Eines der wichtigsten Vorteile vom Water Harvesting ist die allgemeine Ertragssteigerung. So wurde Sorghumhirsen-Erträge von 0,8t/ha (Regenfeldbau) auf 2,88 t/ha (wasserschonende Maßnahmen und Hangabflussnutzung) gesteigert. Größtenteils sind die Maßnahmen recht kostengünstig und können selbstständig hergestellt werden. Weitere positive Aspekte sind die Eingrenzung der Desertifizierung und die Grundwasserauffüllung (PRINZ, 1998).

Negative Aspekte sind vor allem das Konfliktpotenzial, die Zerstörung des Ökosystems, der Verlust von wertvollem Land, der hohe Arbeitsaufwand bei großen Flutsystemen und das bestehende Risiko von Dürrejahren (PRINZ, 1998)

5   Formen der Wasserernte in Indien

In Indien existieren seither unterschiedlichste Formen der Wasserernte. Die meisten Systeme wurden an den örtlichen Gegebenheiten angepasst. So wurden überwiegend Kanalsysteme in bergigen und Speicherstrukturen in ariden Regionen konstruiert. Der wasserreiche Osten mit seinen Brunnensystemen galt vor der britischen Kolonialherrschaft als eines der landwirtschaftlich produktivsten Regionen des Landes. Im trockenen Westen des Landes (Rajasthan) wurden jahrhundertlang Stufenbrunnen angelegt. Über Treppen ist das gespeicherte Wasser zu erreichen. Das Infiltrierte Wasser wird durch tiefer gesetzte Brunnen erneut erschlossen (BÜTTNER, 2001).Das Anlegen von Teichen gilt vor allem im östlichen Hochland von Indien als wichtigste Bewässerungsmethoden. Diese Teiche werden in Tanks und Bandhs unterschieden.   Informell werden beide Strukturen als Synonym verwendet. Bei Tanks handelt es sich jedoch um künstlich ausgehobene Speicher, die sowohl Oberflächenwasser als auch Grundwasser nutzen (BÜTTNER, 2001). Bandhs hingegen werden in die bestehende Morphologie integriert. Häufig werden Senken stufenweise zu einer Art Treppensystem ausgebaut Als Abgrenzungen werden Erdwälle senkrecht zur Abflussrichtung angelegt. Insgesamt gibt es in Indien jedoch zahlreiche Water Harvesting Methoden, die hier nicht alle genannt werden sollen. Jede Region entwickelte in den letzten hunderten von Jahren ihre eigenen effizientesten Methoden (AGARWAL, 2005).

6   Das Fallbeispiel Thar Wüste

Abbildung   8:   "kunds"   (Quelle: http://www.punenvis.nic.in/waterimages/td1.jpg)

Die Thar Wüste im Nordwesten Indiens ist nicht sonderlich lebensfreundlich, dennoch gehört sie zu den fauna- und florareichsten Wüsten der Welt. Die ansässige Bevölkerung entwickelte in den letzten hunderten von Jahren ein Regenwassererntesystem namens „kundus" (kundis). „Kundus" steht für den lokalen Namen einer bedeckten, unterirdischen Zisterne (vgl. Abbildung 8). Diese Zisternen wurden in erste Linie zur Trinkwassergewinnung angelegt. Die regionalen

Grundwasservorkommen weisen dagegen eine sehr große Salzkonzentration auf (1.500 -10.000 ppm TDS) (AGARWAL, 2005). Die Kunds waren Privateigentum oder im Besitz der Dorfgemeinschaft. Die ersten bekannten „kunds" in Rajasthan wurden von Radscha Sursingh im Jahr 1607 n. Chr. erbaut. Mit der ersten großen Hungernot 1895-96 setzte sich das Prinzip der „kunds" regional durch. Jeder Haushalt in der Thar Wüste besitzt mittlerweile im Durchschnitt vier bis fünf „kunds". Der Aufbau ist ähnlich eines Trichters. Der tiefste Punkt bildet die Zisterne, die bis zu 200 Kubikmeter Wasser speichern kann (AGARWAL, 2005). Nach einer Studie des CSE (Centre for Science and Environment India) würde ein "kund" bei vier bis sechs Tagen im Jahr mit Niederschlag von 25mm und einen Durchmesser von 50 Meter rund 260.00 Liter Wasser akkumulieren können. Auch unter Einfluss von der Evapotranspiration überschreitet die Wasserernte noch die 100.000 Liter (CSE, 2005). Weitere erfolgreiche traditionelle Water Harvesting Methoden in der Wüste Thar waren die „Kadhins". Khadins sind Erdwälle mit einer Höhe von 1,2 Meter bis 1,7 Meter und einer Länge von bis zu 1000 Metern. Die Erdwälle stauen das aufgefangen Wasser, das von einer 30-100ha großen Fläche abgeleitet wird. Die ergiebige Anbaufläche beträgt im Durchschnitt 1,5 bis 5 ha. Solche Kadhins werden meisten von mehreren Familien zusammen erbaut und benutzt. Die Kosten für den Bau eines Kandhis belaufen sich zwischen 4000 -7000 Rupien (Rs). Allerdings werden die Kosten solcher Bewässerungsmaßnahmen weitreichend durch Kredite unterstützt. Der Einsatz solcher Maßnahmen führt u.a. zu einer Verdrei- bis Vervierfachung des Ernteertrages und wirkt der Bodenerosion entgegen(PRINZ, 1998).

7   Die Zukunft des *Water Harvestings* in Indien

Nach Büttner (2001) wird die Förderung von Wasserntemethoden in Indien durch staatliche und auch nicht-staatliche Akteuren unterstützt. Das Prinzip des Water Harvestings wurde in nationale Watershed Management Programme aufgenommen und übernimmt heute eine Schlüsselrolle für ländliche Entwicklung. Das Watershed Management dient vor allem als Strategie für Regionen, in der die „Grüne Revolution" auf Grund von Wassermangel nicht stattgefunden hat. In den 80er Jahren wurde von der indischen Regierung das *National Watershed Developement Project for Rainfed Areas* (NWDPRA) gebildet. Das NWDPRA unterstütze 99 Modelldistrikte. Die Ergebnisse waren nach Sharma (1997) jedoch mehr als unzureichend. Mit dem Nachfolgemodell *National Watershed Development Programm* (NWDP) wurden weit aus mehr Erfolge erzielt. Wasserernte wird mittlerweile in vielen Regionen vorangetrieben und im Rahmen des NDWP erfolgreich institutionalisiert. In vielen Regionen werden neue Wasserernteprojekte ins Leben gerufen und anderorts alte Strukturen wieder aufgebaut. Vor allem die Regeneration von Stauteichen stand im Fokus der letzten Jahre. Im Bundestaat Karnataka unterstützte die Weltbank ein Projekt zur Wiederherstellung von 78

Stauteichen. Die Europäische Union unterstützte den Aufbau von 200 Tanks im Bundesstaat Tamil Nadu. Und auch eine in Rajasthan von der schwedischen Regierung durchgeführten Studie zu den Potenzialen von Stauteichen führte zum Ergebnis, dass Wassererntemaßnahmen zu einer nachhaltigen Entwicklung führen (Büttner, 2001). Dennoch warnt das CSE davor progressiv wieder alle alten Strukturen aufzubauen.

8 FAZIT

Die akute Wasserknappheit in Indien ist mit vielen Problemen verbunden. Einerseits hängt die physische Lebenssicherung von Wasser und landwirtschaftlichen Erzeugnissen ab und andererseits führt die Wasserknappheit zu Wasserkonflikten. Das Land hatte vor der Kolonialherrschaft ausgeprägte indigene Bewässerungssysteme entwickelt. Während der britischen Vormacht wurden dieser aber größtenteils zerstört und durch zentrale Wasserverwaltungen ersetzt. Große Staudammprojekte, die auch nach der Unabhängigkeit Priorität hatten, wurden geschaffen. Dieser Ansatz führte weites gehend zur Vernachlässigung indigener Strukturen und einen Entzug der Eigenverantwortung der Bauern. Auf Grund von Dürrejahren und der zunehmenden Wasserknappheit wurden in den 80er Jahren Wassererntemethoden wiederentdeckt. Mit Hilfe von internationalen Organisationen und Institutionen wurden viele alte Strukturen restauriert und wieder in Betrieb genommen. Diese Wassererntemethoden dienen sowohl der Bewässerung als auch der Trinkwasserversorgung in urbanen Räumen. Gerade in der Entwicklungspolitik von ländlichen Räumen nimmt das Konzept des Water Harvesting mittlerweile eine Schlüsselrolle ein.

9 Literaturverzeichnis

AGARWAL, A, NARAIN, S. (2005) DYING WISDOM, Rise,fall and potential of India`s traditional water harvesting systems, 4 Enviroment ReportCSE, New Dehli

BOHLE, H-G (2004): Vom Wasserkonflikt zur Wasserkrise: Der Niedergang eines südindisches Deltas IN: Geographische Rundschau 56 (2004) Heft 12 S. 40-48

BRAßEL T. , BORCHARD, K., KÖTTER, T. (1994)AgrarstrukturelleVorplanung : Vorschläge zur inhaltlichen und konzeptionellen Neugestaltung eines Instruments zur Entwicklung ländlicher Räume, MünsterLandwirtschaftsverlag

BÜTTNER,   H.   (2001)   WassermanagementundRessourcenkonflikte   : eineempirischeUntersuchungzuWasserkriseundwaterharvestinginIndienausPerspektivedersozialwiss enschaftlichenUmweltforschung, Saarbrücken, Verl. für Entwicklungspolitik

CSE (Centre for Science and Environment India) IN: www.cseindia.org (Zugriff: 01.03.10)

Diercke 3 Universalatlas(2001)Westermannverlag, Braunschweig

DUTTA,D., NARASIMHAN, S., SHARMA, J.R.(1997): Remote Sensing based rapid watershed health appraisal – a case study of NWDPRA watersheds of Rajasthan, IN: http://www.gisdevelopment.net/application/nrm/water/ground/mi03238.htm (Zugriff: 01.03.10)

PRINZ, D. , WOLFER, S. (1998): Waterharvesting in Trockengebiete IN: Geogr. Rundschau 50 (1998) H 7-8.

PRINZ, D. , SINGH, A. (1999): Technological Potentials for Improvements of Water Harvesting, Contributing   Paper   World   Commissions   on   Dams,   Kapstadt IN:http://oldwww.wii.gov.in/eianew/eia/dams%20and%20development/kbase/contrib/opt158.pdf(Z ugriff: 01.03.10)

VISHWANATH, K. (2004) : Rainwater   Harvesting   In   Urban   Areas   IN: http://www.rainwaterclub.org/docs/R.W.H.industries.urban.pdf (Zugriff: 02.03.10)

WAMSER, J. (2005):Standort Indien, Der Subkontinentalstaat als Markt und Investitionsziel ausländischer Unternehmen, Diss. 2005 Universität Bochum , IN: Asien –Wirtschaft und Entwicklung